Vorgelegt von Hrn. LÜDEMANN in der Sitzung der Klasse für Bergbau, Hüttenwesen und Montangeologie am 9. November 1961
Zum Druck genehmigt am gleichen Tage, ausgegeben am 29. 9. 1962

Erschienen im Akademie-Verlag GmbH, Berlin W 8, Leipziger Straße 3—4

Lizenznummer: 202 · 100/430/62
Gesamtherstellung: Druckhaus „Maxim Gorki“, Altenburg
Bestellnummer: 2010/62/III/2 · ES 20 F 7 · Preis: DM 3,50

Im Jahre 1960 erreichte die Roheisenerzeugung der Welt 244 Millionen Tonnen. Der auf den Niederschachtofen entfallene Anteil lag unter 0,5 Millionen Tonnen. Es wäre voreilig, aus diesem Mengenverhältnis ein allgemeingültiges Urteil über den Wert des Niederschachtofenverfahrens ableiten zu wollen. Zweifellos ist der Hochofen, vor allem der neuzeitliche Großhochofen, nach wie vor eines der leistungsfähigsten und in wärmewirtschaftlicher Hinsicht günstigsten Aggregate der Eisenhüttentechnik. Demgegenüber erlangt der Niederschachtofen in solchen Ländern zunehmende Bedeutung, die nicht über Kohlen verfügen, aus denen ein den besonderen Anforderungen des Hochofenbetriebes genügender Koks hergestellt werden kann. In der Deutschen Demokratischen Republik (DDR) war das Hochofenwerk der Maxhütte in Unterwellenborn bis 1950 die einzige Anlage, die damals 335 000 t Roheisen erzeugte. 1951 nahm der erste Hochofen des Eisenhüttenkombinates Ost die Herstellung von Stahlroheisen auf. Etwa zur gleichen Zeit lieferte der erste Niederschachtofen in Calbe Gießereiroheisen. Die zügige Aufwärtsentwicklung des Niederschachtofenwerkes, das 1960 316 000 t Roheisen erzeugte, hat voll und ganz den Erwartungen seiner Erbauer entsprochen, die auf einer verhältnismäßig schmalen technologischen Versuchsgrundlage mit hüttenmännischem Wagemut einen Großbetrieb mit zehn Öfen errichtet hatten.

1. Merkmale des Niederschachtofenbetriebes

Es erscheint zunächst notwendig, das Niederschachtofenverfahren in begrifflicher Hinsicht gegenüber dem Hochofenverfahren abzugrenzen. Grundsätzlich liefern beide Verfahren aus Erzen, eisenhaltigen Industrierückständen und Agglomeraten, Zuschlägen und Koks ein kohlenstoffgesättigtes technisches Eisen, dessen Begleitelemente die Art seiner weiteren Verarbeitung bestimmen. Das Roheisen als Enderzeugnis weist also keine kennzeichnenden Verfahrensunterschiede auf.

Der wesentliche Unterschied sollte, wie schon die Namen besagen, in der Schachthöhe oder besser in der Höhe der Beschickungssäule oberhalb der Windformen liegen. Abb. 1 zeigt die konstruktiven Eigenarten eines Niederschachtofens, wie er sich in Calbe als „Standardform" herausgebildet hat. Die wesentlichen Merkmale dieses Ofens sind sein rechteckiger Querschnitt und seine Beschickungshöhe von nur rund 5 m oberhalb der Windformenebene. Es ist aber heute noch nicht möglich, den Niederschachtofen an Hand seiner Beschickungshöhe gegenüber dem Hochofen klar abzugrenzen. So wies die Beschickung des Versuchsniederschachtofens in Ougreé eine größte Höhe von 4,7 m auf [1], während die Beschickung eines von W. Wenzel [2] beschriebenen indischen Versuchsofens 6 m hoch war. K. Säuberlich und G. Brückner [3] betrieben den Hochofen I der Maxhütte ohne konstruktive Veränderungen der Anlage als runden Niederschachtofen mit 6,5 m Beschickungshöhe. Da bis heute keine Unterlagen über die Betriebsweise noch größerer Öfen geschaffen sind, sollte man dem Niederschachtofen eine Beschickungshöhe von 4 bis 10 m zuordnen.

Die gegenüber dem Hochofen niedrigere Beschickungssäule des Niederschachtofens hat grundsätzlich eine wesentlich kürzere Durchsatzzeit der Einsatzstoffe zur Folge. Um hierüber klare Aussagen machen zu können, wurde versucht, die Absinkgeschwindigkeit mit Hilfe von in den Ofenschacht eingeführten Gewichten zu bestimmen. Die Meßstelle befand sich hierbei 5 m oberhalb der Zirkulationszone vor den Formen, so daß die ermittelten Geschwindigkeiten etwas über dem Durchschnittswert liegen dürften. Die Ergebnisse dieser viel Aufwand und Zeit beanspruchenden Messungen sind in Abb. 2 dargestellt. Es ergab sich ein eindeutiger linearer Zusammenhang zwischen der Ab-

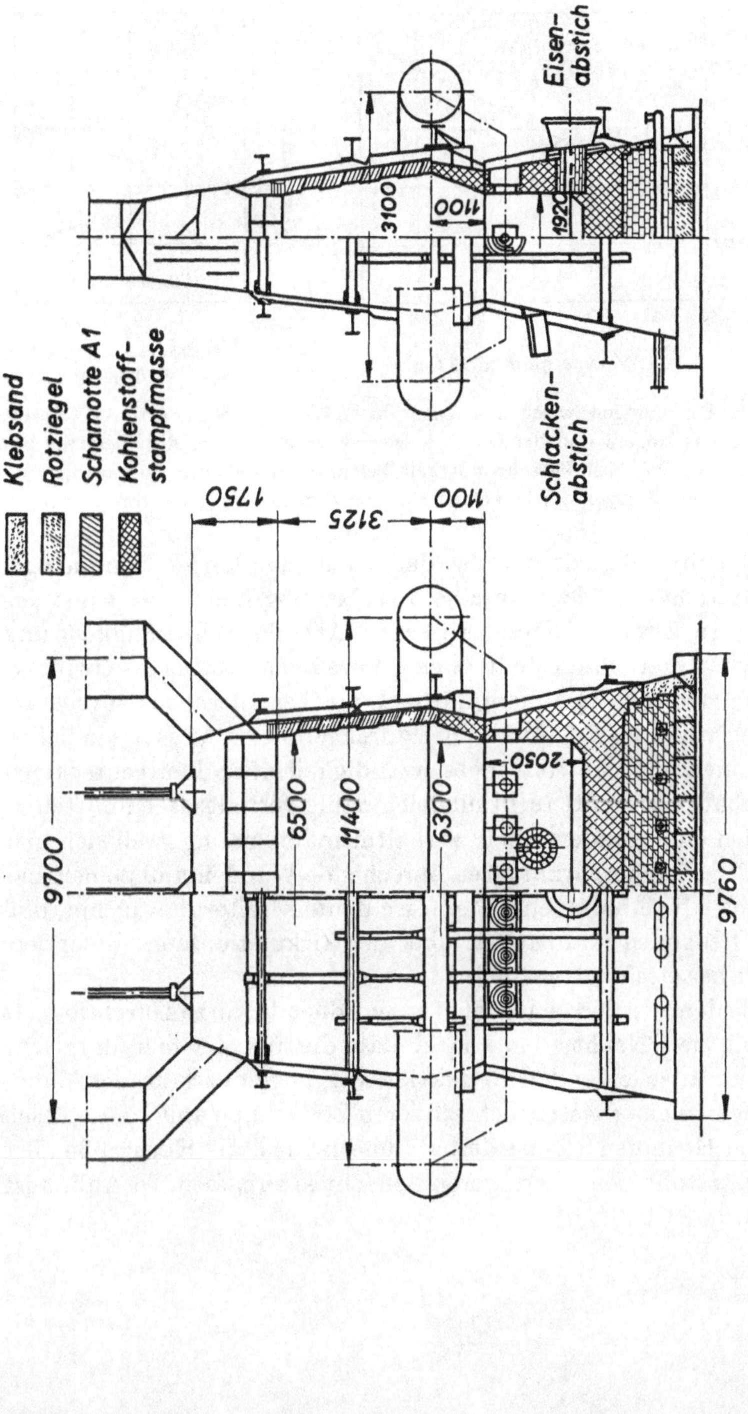

Abb. 1. Standard-Niederschachtofen des Werkes Calbe (Saale)

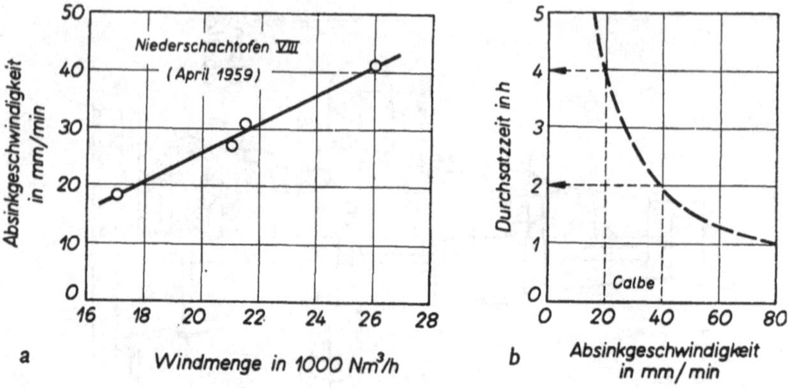

Abb. 2. Beziehungen zwischen der zugeführten Windmenge, der Absinkgeschwindigkeit des Möllers und der Durchsatzzeit — *a*) Ergebnisse der Versuche zur Ermittlung der Absinkgeschwindigkeit bei unterschiedlicher Windmenge; — *b*) Durchsatzzeiten, berechnet für eine Beschickungshöhe von 4,8 m

sinkgeschwindigkeit und der dem Ofen zugeführten Windmenge. In Abb. 2a ist der für eine Beschickungshöhe von 4,8 m errechnete Zusammenhang zwischen Absinkgeschwindigkeit und Durchsatzzeit dargestellt. Den gemessenen Absinkgeschwindigkeiten von 20 bis 40 mm/min entsprechen hiernach Durchsatzzeiten von 4 bis 2 h. Die bisher durchgeführten Messungen ließen erkennen, daß die Absinkgeschwindigkeit über den rechteckigen Schachtquerschnitt recht ungleichmäßig verteilt ist. Unmittelbar an den Ofenwänden ist sie verhältnismäßig gering, weil sich hier der der „Bunkerwirkung“ entsprechende Wandeinfluß bemerkbar macht. Die erhaltenen Ergebnisse deuten weiter darauf hin, daß die Ofenzonen unmittelbar über der Zirkulationszone besonders stark beaufschlagt werden.

Die dem Niederschachtofen zuzuordnende kurze Durchsatzzeit bringt den Nachteil mit sich, daß die für die metallurgische Arbeit entscheidenden Reduktionsvorgänge oberhalb der Windformen in einer wesentlich kürzeren Zeitspanne ablaufen müssen als im Hochofen. Es ist deshalb unerläßlich, die Korngröße aller Einsatzstoffe dem niedrigeren Schacht anzupassen. In Abb. 3 ist das Kornband der im Werk Calbe eingesetzten wichtigsten Möllerstoffe dargestellt. Zum Vergleich ist der von K. Säuberlich und G. Brückner [3] empfohlene Kornbereich von 5 bis 40 mm eingetragen, wobei ein geringer Anteil des Über- und Unterkorns zugelassen ist. Wir erkennen, daß die Korngröße aller Erze, vor allem aber die des Badelebener Erzes, den als günstig anzusehenden oberen Wert von 40 mm mit einem unzulässig hohen Anteil übersteigt. Beachtliche Anteile liegen, wiederum beim Badelebener Erz, noch über 80 mm, also bei Korngrößen, die sich sogar für den Hochofenbetrieb als nachteilig erwiesen haben. Die besonders ungünstige Kornzusammensetzung des in Calbe betriebsmäßig eingesetzten Möllers muß für den niedrigen Grad der indirekten Reduktion verantwortlich gemacht werden, die zur Zeit nicht höher als 30% liegt. Die chemische Zusammensetzung der in Calbe verwendeten Einsatz- und Brennstoffe ist aus Tabelle 1 zu ersehen.

Dem Nachteil der kurzen Durchsatzzeit des Niederschachtofens, der durch eine ofengerechte Vorbereitung der Möllerstoffe weitgehend behoben werden kann, steht ein unbestreitbarer be-

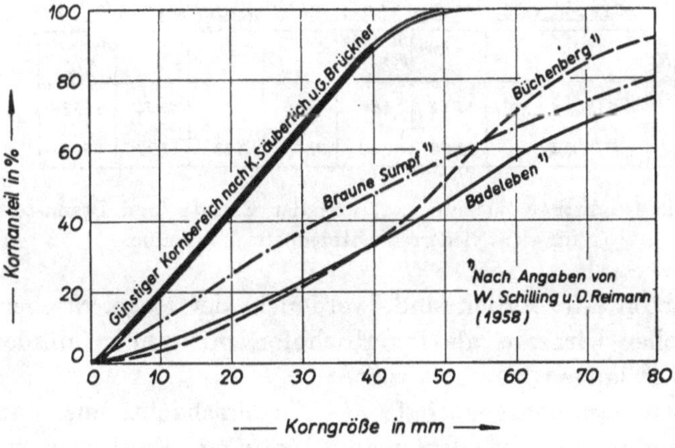

Abb. 3. Kornbänder der im Niederschachtofenwerk Calbe eingesetzten Erze im Vergleich mit dem günstigen Kornbereich

triebstechnischer Vorteil gegenüber. Der Niederschachtofenbetrieb hat sich, selbst unter ungünstigen Einsatzbedingungen, als weniger störanfällig erwiesen als der unter *üblichen* Bedingungen betriebene Hochofen. Alle Maßnahmen, die zur Beeinflussung des Betriebsablaufes oder zur Behebung von Störungen im Nieder-

a) Erze, eisenhaltige Industrierückstände, Kalkstein und Koksaschen

Nr.		Fe %	Mn %	CaO %	SiO_2 %	MgO %	Al_2O_3 %	P %	S %	Glühverl. %	H_2O % hygr.
1	Badelebener Erz	23,13	0,32	1,34	37,87	0,92	7,40	0,33	0,01	8,44	11,20
2	Büchenberger Erz	19,58	0,32	20,96	26,04	1,15	3,71	0,10	0,11	19,77	1,20
3	Braune-Sumpf-Erz	20,09	0,35	20,72	22,85	1,45	4,47	0,18	0,16	19,98	2,30
4	Ferromangan-Schlacke	1,32	16,19	15,53	43,88	3,75	10,89	0,03	0,39	–	0,40
5	Siemens-Martin-Schlacke	10,69	5,82	41,89	19,18	8,64	3,96	0,58	0,29	–	0,40
6	Braunkohlen-schlacke	21,50	0,46	29,17	20,70	4,21	6,86	0,03	1,36	–	3,32
7	Kalkstein	0,73	–	49,15	4,70	1,21	2,06	–	0,08	40,02	1,30
8	Asche des Gaskokses	17,98	0,28	4,91	43,02	1,80	22,53	0,30	–	–	–
9	des Braunkohlen-Hochtemp.-Kokses	20,50	0,34	21,59	20,79	2,38	5,10	0,04	–	–	–

b) Gaskoks und Braunkohlen-Hochtemperaturkoks (BHT-Koks)

Nr.		Reinkoks %	flüchtige Bestandtl. %	Asche %	S %	H_2O %	Heizwert H_u kcal/kg
1	Gaskoks	69,62	1,84	12,56	1,24	14,74	5562
2	BHT-Koks	83,38	2,43	11,96	0,93	1,30	6984

Tabelle 1. Mittlere Zusammensetzung der Einsatz- und Brennstoffe für den Niederschachtofenbetrieb in Calbe

schachtofen erforderlich sind, werden in der Regel rascher und gründlicher wirksam als im Hochofen mit seiner mindestens doppelt so langen Durchsatzzeit.

Die wichtigste Eigenschaft des Niederschachtofens, nämlich Brennstoffe mit verhältnismäßig geringer Festigkeit durchsetzen zu können, beruht ebenfalls im wesentlichen auf der schwächeren Beanspruchung durch die niedrige Beschickungssäule. Während schon die kleinen Hochöfen der Maxhütte einen Anteil des Braunkohlen-Hochtemperaturkokses von mehr als 10% an der Gesamtkoksmenge nicht mehr zulassen, setzen die Niederschachtöfen in Calbe gegenwärtig einen BHT-Koksanteil von mehr als 50% durch; der Rest besteht aus mehr oder weniger festem Gaskoks. Es gilt als sicher, daß der BHT-Koks infolge seiner geringen Abriebfestigkeit beim Durchgang durch den Niederschachtofen wesentlich stärker angegriffen wird als der normale metallurgische Koks im Hochofen. Diese Tatsache läßt erkennen, daß der Niederschachtofen infolge seiner geringeren Störanfälligkeit besser mit der übergroßen Koksabriebmenge fertig wird.

Die in der DDR und an anderen Orten angewendete Bauweise des Niederschachtofens mit rechteckigem oder ovalem Querschnitt von Schacht und Gestell kann nicht als ein besonderes Merkmal gewertet werden. Die von K. Säuberlich und Mitarbeitern [3] durchgeführten Versuche weisen darauf hin, daß Öfen mit Gestellflächen von mehr als 12 m² einen kreisförmigen Querschnitt aufweisen sollen. Diese Ausführung bringt, neben konstruktiven und wärmetechnischen Vorteilen, eine wesentliche Vereinfachung der Begichtungsvorrichtung. Ein Mindestmaß für die Höhe des Ofens ergibt sich aus dem Mischverhalten der dem Ofen getrennt zugeführten Einsatzstoffe. Es ist deshalb wünschenswert, möglichst bald die zur Zeit noch fehlenden Unterlagen über die günstigsten Beziehungen zwischen Durchmesser, Höhe und der hierdurch gegebenen Schmelzleistung des Niederschachtofens zu erarbeiten.

2. Einsatz- und Brennstoffe

Die folgenden metallurgischen Betrachtungen gründen sich auf Möller- und Brennstoffverhältnisse, deren Eigenarten aus den Angaben der Tabellen 1 und 2 hervorgehen. Wir sehen, daß in Calbe als Eisenträger in erster Linie das stark saure Badelebener

Erz sowie die nahezu selbstgängigen Erze von Büchenberg und Braune Sumpf eingesetzt werden. Rund 60% der Eisenmenge werden von den Erzen und der Braunkohlenschlacke eingebracht, und rund 34% stammen aus Schrott, Rinneneisen und Walzsinter. Der hohe Schrottanteil beeinflußt zweifellos das metallurgische

a) Einsatzstoffe in kg/t Roheisen

Badelebener Erz	920
Buchenberger Erz	1010
Braune - Sumpf - Erz	790
Ferromangan - Schlacke	40
Siemens - Martin - Schlacke	90
Braunkohlenschlacke	110
Schrott	320
Rinneneisen u. Walzsinter	70
Kalkstein	910

b) Betriebskennzahlen

Tägliche Roheisenerzeugung	t/Ofen	100
Schlackenmenge	kg/tRE	2130
Spezifischer Koksverbrauch	kg/tRE	1965
Anteil des BHT-Kokses	%	52
Möllerausbringen	%	23

c) Roheisen, Schlacke u. Gichtgas

Roheisen	C %	Si %	Mn %	P %	S %
	3,3	2,8	0,7	0,6	0,09

Schlacke	CaO %	SiO_2 %	Al_2O_3 %	MgO %	FeO %	MnO %	S %
	45	39	9	2	1	0,7	0,9

Gichtgas	CO_2 %	CO %	H_2 %
	5	36	1,3

Tabelle 2. Anhaltszahlen für den Niederschachtofenbetrieb in Calbe

Geschehen, und zwar in einem Umfang, der heute noch nicht bekannt ist. Als Manganträger dienen die bei der elektrometallurgischen Herstellung von Ferromangan anfallende Schlacke und übliche Siemens-Martin-Schlacke.

Die Roheisenerzeugung lag im betrachteten Zeitraum bei rund 100 t je Ofen und Tag. Die Schlackenmenge von 2130 kg/t RE und der hohe spezifische Koksverbrauch von 1965 kg/t RE ergaben sich aus dem niedrigen Möllerausbringen von 23%. Der

BHT-Koksanteil betrug 52%. Die Angaben über die Zusammensetzung von Roheisen, Schlacke und Gichtgas entsprechen den bis heute eingehaltenen Normalwerten.

Während das von K. SÄUBERLICH geleitete Forschungsinstitut für Roheisenerzeugung in Unterwellenborn vornehmlich Fragen verfahrenstechnischer Art bearbeitet, verfolgen die vom Eisenhütten-Institut der Bergakademie Freiberg durchgeführten Untersuchungen das Ziel, Erkenntnisse über den Ablauf der metallurgischen Vorgänge im Inneren des Ofens zu gewinnen. Bevor im folgenden Ergebnisse dieser vor mehr als vier Jahren begonnenen Versuche mitgeteilt werden, muß auf ihren besonderen Schwierigkeitsgrad hingewiesen werden. Es ist deshalb noch nicht möglich, ein abgerundetes Bild vom Reaktionsgeschehen in den einzelnen Teilen des Niederschachtofens darzubieten. Es soll vielmehr versucht werden, einige wesentliche Merkmale herauszustellen, die den in der DDR gegebenen Voraussetzungen rohstofflicher Art entsprechen.

3. Vorgänge vor den Formen und im Schacht

Einen nicht unbeträchtlichen Raum nehmen bis heute die Untersuchungen des Eisenhütteninstitutes über die Vorgänge vor den Formen des Niederschachtofens ein. Mittels eines wassergekühlten Rohres wurden Gasproben in verschiedener Entfernung vom Rüssel der Windformen entnommen. Abb. 4, die erstmalig für einen Niederschachtofen die Ergebnisse einer solchen Meßreihe darstellt, läßt als Beispiel aus einer Vielzahl von Untersuchungen ähnlicher Art klar erkennen, daß sich die Zusammensetzung der Gasphase vor der Form eines Niederschachtofens in der gleichen Weise ändert, wie sie seit langem vom Hochofen her bekannt ist.

In ähnlicher Weise gehorcht die Eindringtiefe der Zirkulationszone des Niederschachtofens den gleichen Gesetzmäßigkeiten, wie sie für den Hochofen abgeleitet worden sind. Ausgehend von

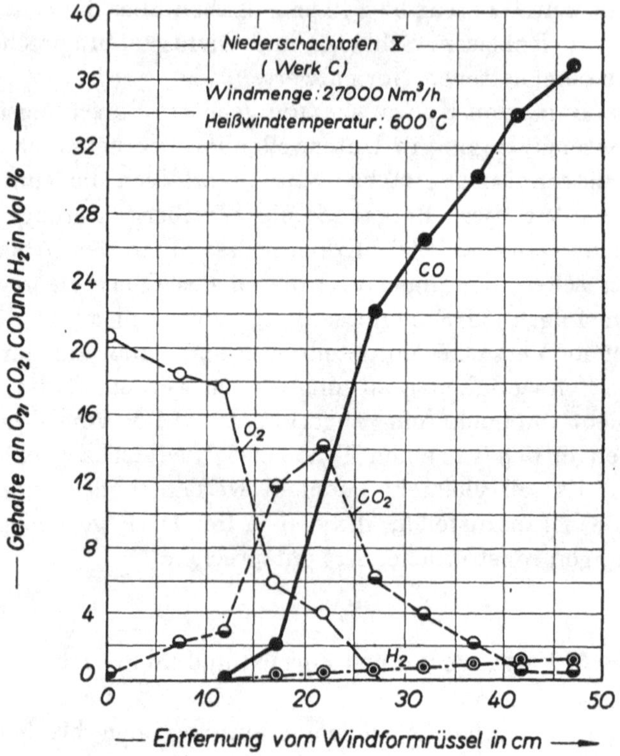

Abb. 4. Veränderung der Gaszusammensetzung mit zunehmender Entfernung vom Rüssel der Windform

englischen Berechnungsunterlagen [4] untersuchten wir die Ausdehnung der Zirkulationszone von Hoch- und Niederschachtöfen in der DDR in 385 Meßreihen mit etwa 3600 Einzelmessungen. Die hierbei erhaltenen Werte sind in Abb. 5 in Abhängigkeit vom Wert W dargestellt, der die Windmenge, die relative Dichte des Windes und den Durchmesser der Formen in einer Formel zusammenfaßt. Als Parameter ist die Stückgröße des Kokses von 20 bis 60 mm eingetragen. Sowohl die gestrichelt gezeichneten, ovalen Streubereiche der Einzelwerte als auch die durch Punkte bezeichneten Mittelwerte der einzelnen Öfen fügen sich befriedigend in die Linienzüge der Abb. 5 ein. Ohne auf die Fülle der Einzelaussagen dieses Schaubildes weiter einzugehen, sei hier nur folgendes hervorgehoben: Die Niederschachtöfen in Calbe weisen eine Eindringtiefe der Zirkulationszone von 30 bis 50 cm auf.

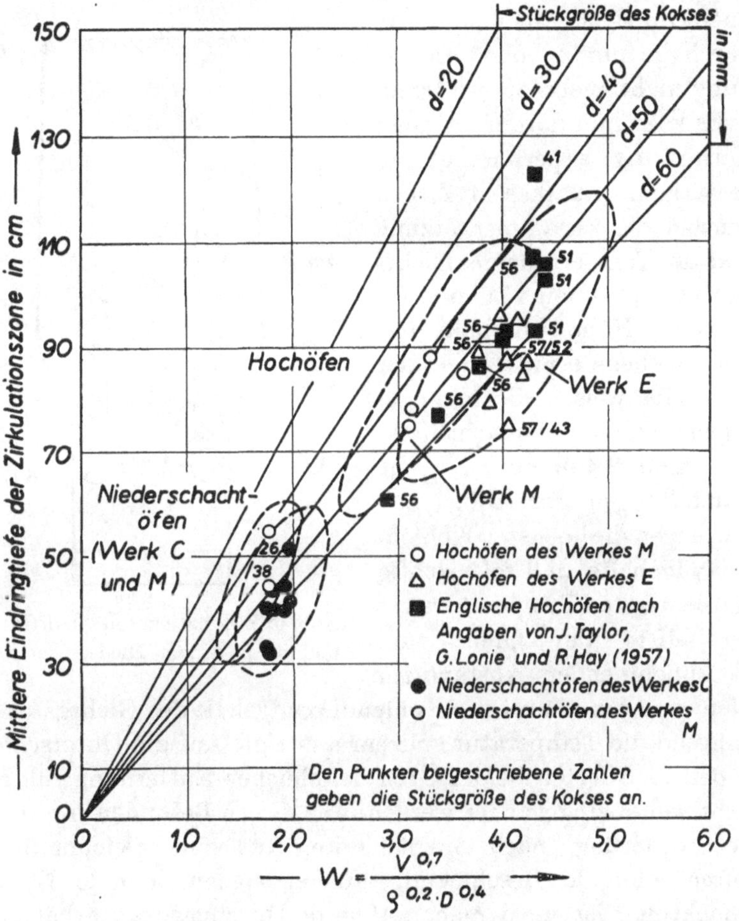

Abb. 5. Beziehung zwischen Windmenge, relativer Dichte des Windes, Formendurchmesser, Koksstückgröße und Eindringtiefe der Zirkulationszone

Wie nun die schematische Darstellung der Abb. 6 erkennen läßt, verbleibt zwischen den gegenüberliegenden Zirkulationszonen ein nur wenig durchgaster Raum von etwa 1 m Breite. Aus dieser einfachen Beobachtung konnte gefolgert werden, daß die Niederschachtöfen *randgängig* sind, denn die Einstellung einer nur annähernd gleichmäßigen Gasverteilung über den Schachtquerschnitt ist auf dem Wege durch die nur 5 m hohe Beschickung nicht mehr zu erwarten.

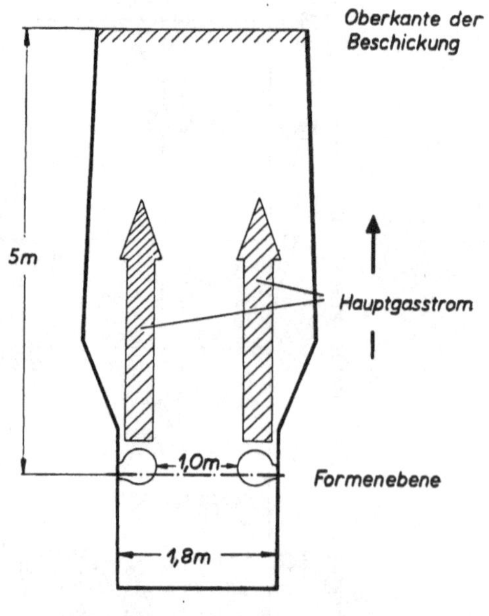

Abb. 6. Zirkulationszone und Gasverteilung in einem Niederschachtofen

Es kam nun darauf an, diese Vermutung experimentell zu bestätigen. Zu diesem Zweck wurden die Zusammensetzung und die Temperatur des Gichtgases an den Öfen VIII und IX in 5 m Höhe oberhalb der Formenebene ermittelt; an der Meßstelle weisen die herangezogenen Öfen eine Schachtbreite von rund 2,4 m auf. Wie die Darstellungen der Abb. 7 zeigen, liegen die höchsten Kohlendioxydgehalte und folgerichtig die niedrigsten Temperaturen in der Mitte des Ofens vor. Mit zunehmendem Abstand zur Ofenwand hin nimmt der Kohlendioxydgehalt des Gichtgases ab, während die Temperatur spürbar ansteigt. Auf die Unterschiede in den Meßwerten beider Öfen bei gleicher Entfernung soll hier nicht weiter eingegangen werden. Aus diesen Befunden ergibt sich die Forderung, nach Möglichkeiten für eine gleichmäßigere Durchgasung der Beschickungssäule zu suchen, denn der Niederschachtofen ist noch mehr auf gute Durchgasungsverhältnisse angewiesen als der Hochofen. Diese Forderung erlangt besondere Bedeutung beim Betrieb von *runden* Niederschachtöfen mit

Gestellflächen über 12 m², weil sich der Abstand zwischen zwei gegenüberliegenden Windformen mit zunehmendem Gestelldurchmesser vergrößert. Die wichtigste technische Voraussetzung besteht in der Bereitstellung leistungsfähiger Gebläse. Bei der Ofenanlage in Calbe wird diese Voraussetzung infolge des ständig erhöhten Koksdurchsatzes zur Zeit nicht mehr erfüllt. Wichtig erscheint weiterhin die Herabsetzung der Stückgröße des Kokses; denn nach unseren Untersuchungen begünstigt kleinstückiger Koks die Ausbildung der Zirkulationszone, so daß der schwach durchgaste Kern in der Ofenmitte bei sonst gleichbleibenden Bedingungen — vor allem bei unveränderter Windmenge — zusammenschrumpft. Wenn man aus diesem Grund heute anstrebt, auch Großhochöfen mit einem Koks geringer Stückgröße zu betreiben, so kommt dieser Maßnahme für den Niederschachtofenbetrieb noch größere Bedeutung zu. Auch sollte man dazu übergehen, die Stückgröße des BHT-Kokses den Anforderungen der Verhüttung entsprechend zu vermindern.

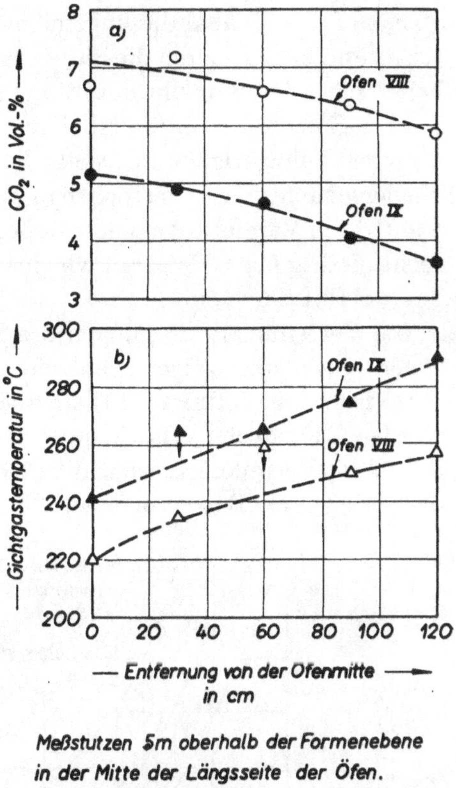

Abb. 7. Änderung des Kohlendioxydgehaltes und der Temperatur des Gichtgases über den Ofenquerschnitt (Niederschachtöfen VIII und IX, 1958/59)

4. Reduktionsvorgänge und Entschwefelung

Betrachtet man das *metallurgische* Geschehen in unseren unter den angegebenen Einsatzbedingungen betriebenenNiederschacht-öfen, so fallen einmal die ungenügende Entschwefelung des Roheisens und zum anderen die ausgeprägte, betrieblich oft schwer zu beherrschende Siliziumreduktion auf. Die Erklärung dieser starken Siliziumreduktion mit Hilfe herkömmlicherVorstellungen bereitet Schwierigkeiten, weil die Temperatur des aus dem Niederschachtofen abgestochenen Roheisens mit durchschnittlich 1350° C, im Vergleich zu dem entsprechenden Wert am Hochofen, recht niedrig liegt. Befassen wir uns zunächst mit den Vorgängen bei der Entschwefelung.

Die Verteilungsbedingungen des Schwefels zwischen flüssigem Eisen und kalkhaltigen Schlacken sind von R. ROCCA, N. J. GRANT und J. CHIPMAN [5] in anschaulicher Weise formuliert worden. Hiernach verläuft die Entschwefelung, gekennzeichnet durch das Verteilungsverhältnis $(\%S)/[a_s]$, um so besser, je höher der verfügbare „Basenüberschuß" bei gleichbleibendem Eisen(II)-

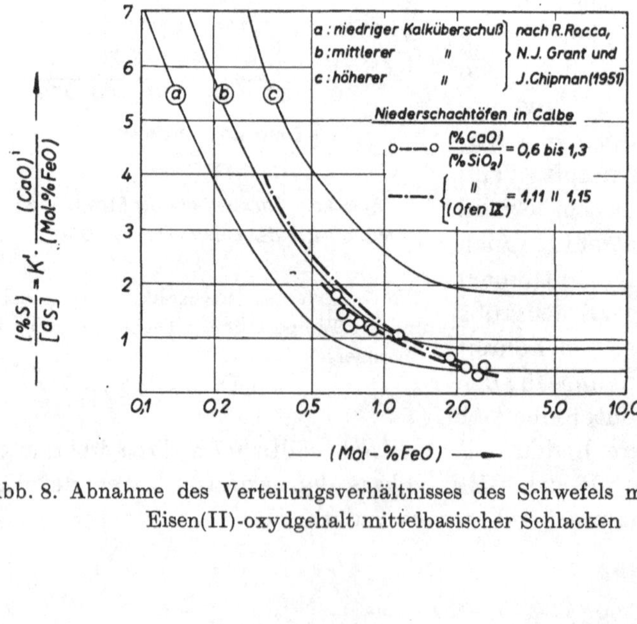

Abb. 8. Abnahme des Verteilungsverhältnisses des Schwefels mit steigendem Eisen(II)-oxydgehalt mittelbasischer Schlacken

oxydgehalt der Schlacke ist (Abb. 8). Bei unveränderter Basizität setzt die steigende Eisen(II)-oxydkonzentration die Schwefelverteilung so stark herab, daß bei Gehalten über 1 Mol-% (FeO) keine nennenswerte Entschwefelung mehr erfolgt. Trägt man nun die für die Niederschachtöfen geltenden Verteilungswerte des Schwefels ein, so ergibt sich eine klare Abhängigkeit vom Eisen(II)-oxydgehalt der Schlacke, ohne daß ein Einfluß der Basizität erkennbar ist; denn die Betriebswerte entsprechen einem Kalk-Kieselsäurebereich von 0,6 bis 1,3. Dieser zunächst überraschende Befund gestattet die bündige Aussage, daß alle Maßnahmen, die auf eine Senkung des Eisen(II)-oxydgehaltes der Schlacke abzielen, die Entschwefelung in den Niederschachtöfen in Calbe fördern. Zu diesen Maßnahmen gehören die Verbesserung der Möllervorbereitung und der hierdurch zu erreichende höhere Grad der indirekten Reduktion, ferner die Veränderung der Schlackenbildung, die noch erörtert werden soll.

Das Verteilungsgleichgewicht des Schwefels zwischen kohlenstoffgesättigten, siliziumhaltigen Eisenschmelzen und Kalk-Kieselsäureschlacken ist neuerdings von H. Schenck, M. G. Frohberg und T. E. Gammal [6] an Hand von Schmelzversuchen im Graphittiegel für Temperaturen von 1550, 1600 und 1650° C bestimmt worden. Abb. 9 läßt erkennen, daß der Logarithmus der berichtigten, d. h. vom Einfluß der Eisenbegleiter befreiten Schwefelverteilung geradlinig vom Quadrat des Kalk-Kieselsäureverhältnisses abhängig ist, und daß sich der an und für sich geringe Einfluß der Temperatur mit zunehmender Basizität verstärkt. Wir erkennen, daß sich auch im Niederschachtofen eine Schwefelverteilung einstellt, deren Logarithmus dem Quadrat der Schlackenbasizität verhältnisgleich zu sein scheint. Bemerkenswert sind jedoch der flache Verlauf dieser Geraden und ihr weiter Abstand von den Gleichgewichtswerten. Dieser Abstand kann nicht allein mit den niedrigeren Betriebstemperaturen von Roheisen und Schlacke — 1350 bzw. 1440° C — erklärt werden; es wirkt sich vielmehr auch hier der in Abb. 9 nicht besonders gekennzeichnete Eisen(II)-oxydgehalt der Schlacke aus.

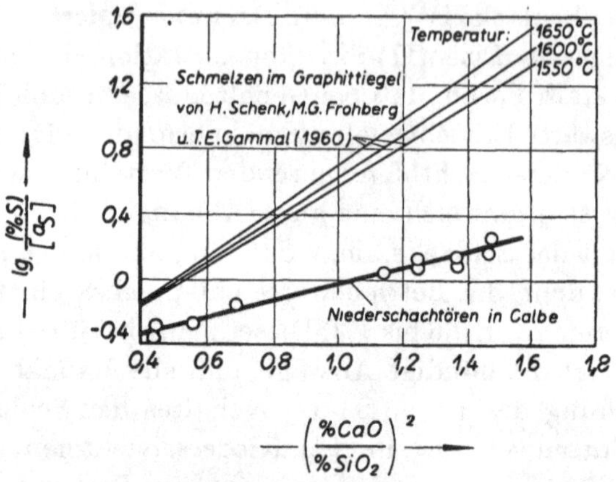

Abb. 9. Einfluß der Basizität der Schlacke auf das Verteilungsverhältnis des Schwefels

Die Entschwefelung des Roheisens im Gestell des Hoch- oder des Niederschachtofens erfolgt unter reduzierenden Bedingungen, die durch die Anwesenheit von festem Kohlenstoff und von kohlenstoffgesättigtem Eisen vorbestimmt sind. W. OELSEN und H. MAETZ [7], die als „Indikator" für den jeweils erreichten Reduktionsgrad den Siliziumgehalt des Roheisens verwendeten, haben die Reaktionen der Entschwefelung und der Siliziumreduktion mit Hilfe der Reaktionskennzahl

$$(K_{Si,S}) = \frac{(\%S)}{[\%S] \cdot \sqrt{[\%Si]}} \qquad (1)$$

verknüpft. Durch Zusammenfassung der bei der Mangan- und Siliziumreduktion ablaufenden Reaktionen erhielten sie weiter die Kennzahl

$$(K_{Mn,Si}) = \frac{(\%Mn) \cdot \sqrt{[\%Si]}}{[Mn]}. \qquad (2)$$

Für beide Kennzahlen ergaben die von W. OELSEN und Mitarbeitern durchgeführten Tiegelversuche eine klare Abhängigkeit vom Kalk-Kieselsäureverhältnis der Schlacke; der Einfluß der Temperatur wurde seinerzeit nicht festgelegt. In der Folgezeit sind nun die genannten Kennzahlen vielfach zur Beurteilung des Hochofenganges herangezogen worden, und es war somit naheliegend, daß sie auch die Grundlage unserer Untersuchungen über das Reaktionsgeschehen im Niederschachtofen abgaben. Es muß heute festgestellt werden, daß sich diese Grundlage als tragfähig erwiesen hat, wenn auch im Verlauf der eigenen Untersuchungen die Aussagekraft vornehmlich der Kennzahl ($K_{Si, S}$) erheblich eingeschränkt werden mußte. Zunächst wurde die Temperaturabhängigkeit der Kennzahlen ($K_{Si, S}$) und ($K_{Mn, Si}$) für eine Basizität von etwa 1,15 im Tiegelversuch bestimmt. Die Ergebnisse, die später noch durch weitere Einzelwerte ergänzt werden sollen, sind in Abb. 10 dargestellt und sagen hauptsächlich folgendes aus:

Gleichbleibenden Siliziumgehalt des Roheisens vorausgesetzt, fördert die Steigerung der Reaktionstemperatur sowohl die Entschwefelung als auch die Manganreduktion.

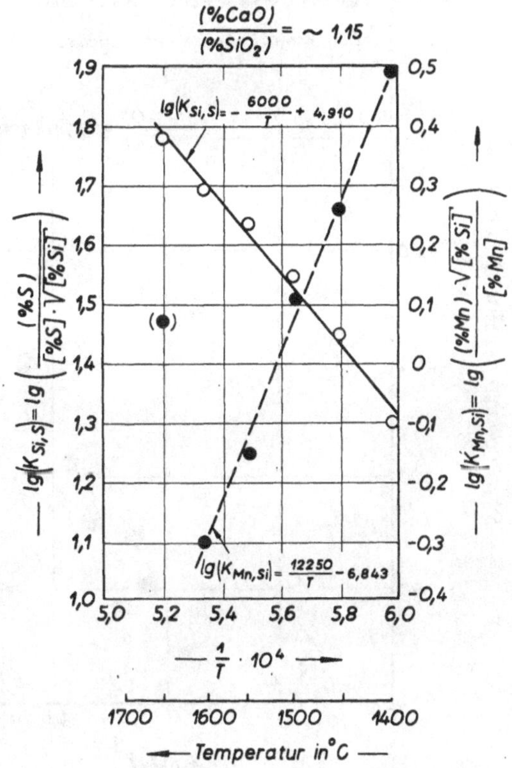

Abb. 10. Temperaturabhängigkeit der Reaktionskennzahlen ($K_{Si, S}$) und ($K_{Mn, Si}$) bei Versuchsschmelzen im Kohletiegel

Es kam nun im weiteren Verlauf unserer Untersuchungen darauf an, den bereits gekennzeichneten Widerspruch, der in der starken Siliziumreduktion bei verhältnismäßig niedriger Roheisentemperatur und der unvollkommenen Entschwefelung besteht, an Hand von Laboratoriumsversuchen zu klären. Hierfür wurde im Kohletiegel jeweils das Gemisch eines Erzes mit Kalk unter Zusatz von Eisenspänen innerhalb von 3,5 h

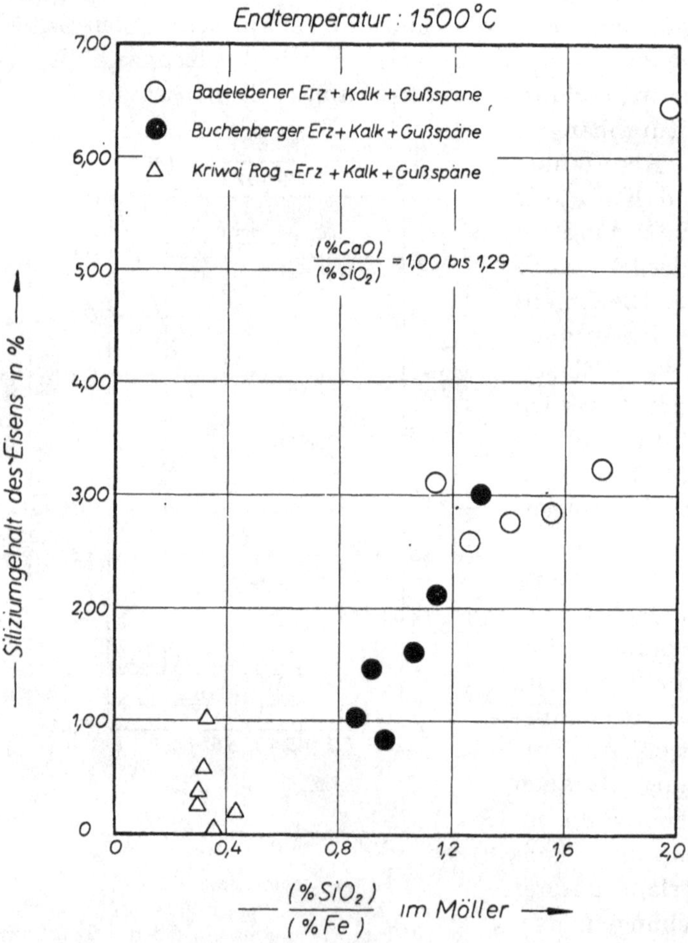

Abb. 11. Einfluß des Verhältnisses der Kieselsäure zum Eisen im Möller auf den Siliziumgehalt des Eisens (Versuche im Kohletiegel)

auf 1500° C erhitzt. Hierbei sollten die Versuchsbedingungen den im Niederschachtofen vorliegenden Verhältnissen angepaßt werden. Die Ergebnisse, die sich auf die Erze von Badeleben, Büchenberg und vergleichsweise von Kriwoi Rog beziehen, sind in Abb. 11 veranschaulicht. Wir erkennen, daß sich — etwa gleichbleibende Schlackenbasizität vorausgesetzt — zwischen dem Siliziumgehalt des Roheisens und dem prozentualen Verhältnis der Kieselsäure zum Eisen im Möllergemisch eine annähernd geradlinige Abhängigkeit eingestellt hat. Die in ihrer Entstehung und Zusammensetzung sehr verschiedenen Erze von Badeleben, Büchenberg und Kriwoi Rog ordnen sich eindeutig aneinander an. Aus dieser grundlegenden Erkenntnis lassen sich mehrere verfahrenstechnisch wichtige Schlüsse ziehen.

Wie Abb. 12 erkennen läßt, werden in Calbe 660 bis 790 kg SiO_2 je t Roheisen eingebracht, die einem Möllerausbringen von 21 bis 24% entsprechen. Der Niederschachtofen in Ougrée hatte, wie den Angaben von E. BONNAURE [8] entnommen werden kann, nach Maßgabe seines Versuchsprogramms Kieselsäuremengen von 180 bis 400 kg im Möller, denen ein Möllerausbringen von 30 bis 45% zuzuordnen ist. Diese Gegenüberstellung kennzeichnet auch den betriebsgebundenen, metallurgischen Untersuchungen wenig günstigen engen Bereich in Calbe gegenüber dem weiten Variationsbereich des Versuchsniederschachtofens in Ougrée.

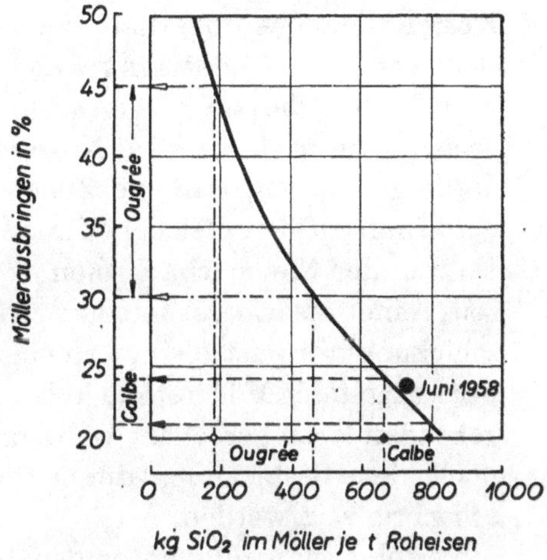

Abb. 12. Einfluß der Kieselsäuremenge im Möller auf das Möllerausbringen. Diese Beziehung gründet sich auf Angaben von R. MINTROP (1958) und gilt für einen Kieselsäuregehalt der Schlacke von 40%. Bereich des Niederschachtofens in Ougrée nach Angaben von E. BONNAURE (1959)

Wir erkennen weiter, daß es unter den in Calbe zur Zeit gegebenen Einsatzbedingungen nicht gelingen wird, siliziumarme Roheisensorten, wie Stahleisen oder gar Thomaseisen, zu erblasen. Würde man von dem gegenwärtig hohen Schrottsatz abgehen, so wäre die obere Siliziumgrenze des zur Zeit erzeugten Gießereiroheisens nicht mit Sicherheit einzuhalten. Unter den gegenwärtigen Bedingungen kann also der Siliziumgehalt des Roheisens nicht als „Indikator“ für die Reduktionsverhältnisse im Niederschachtofen gelten. Diese Feststellung besteht so lange zu Recht, wie das Badelebener Erz mit 215 kg Eisen noch 350 kg Kieselsäure je t Roheisen einbringt.

Die mitunter angeschnittene Frage, ob sich im Niederschachtofen grundsätzlich etwas höhere Siliziumgehalte des Roheisens einstellen als im Hochofen, bedarf noch der Klärung. Zweifellos ist die Erniedrigung der Schachthöhe nicht zu gleichen Teilen auf Kosten der Zonen oberhalb der Formenebene erfolgt; nach Ansicht von A. N. POCHWISNEW und Mitarbeitern [9] wird vielmehr vornehmlich die am Wärmeaustausch nicht beteiligte Zone eingeengt. Hiernach wäre im Niederschachtofen die Voraussetzung dafür geschaffen, daß die Zone, in der das Silizium reduziert wird, nahezu den gleichen Umfang wie im Hochofen einnähme. Da nun der Niederschachtofen, trotz seiner kürzeren Durchsatzzeit, eine niedrigere mittlere Absinkgeschwindigkeit der Beschickung aufweist als der Hochofen, könnte mit einer längeren Verweilzeit der Möllerstoffe in der für die Siliziumreduktion maßgebenden Zone gerechnet werden. Diese Überlegungen bedürfen noch der Bestätigung durch Versuche, die allerdings recht schwierig sein werden.

Verfolgt man nun unter den bereits geschilderten Versuchsbedingungen die Entschwefelung von im Kohletiegel mit Eisenspänen eingeschmolzenen Möllergemischen, so zeigt sich auch hier die nachteilige Wirkung des Badelebener Erzes. In Abb. 13 ist die Kennzahl ($K_{Si, S}$) über die Schlackenbasizität aufgetragen, und zwar für den „Normalfall“ gekennzeichnet durch die von W. OELSEN und H. MAETZ [7] im Laboratorium gewonnene

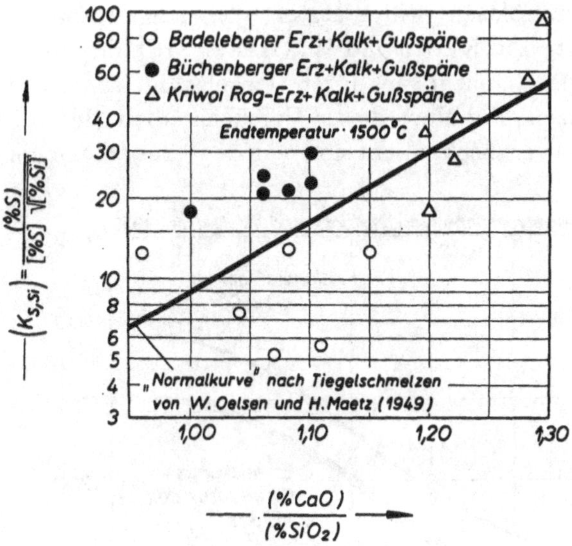

Abb. 13. Einfluß verschiedenartiger Möllergemische auf die Reaktionskennzahl ($K_{Si, S}$) (Schmelzen im Kohletiegel)

Kurve. Die mit Badelebener Erz erreichten, in Abb. 13 durch offene Kreise kenntlich gemachten Versuchswerte liegen, mit einer Ausnahme, unterhalb der Normalkurve und kennzeichnen so die schlechten Entschwefelungsbedingungen. Demgegenüber weisen die für das Büchenberger Erz geltenden Punkte auf eine gute Entschwefelung hin; die Ergebnisse der mit Kriwoi Rog-Erz durchgeführten Versuche entsprechen etwa der Normalkurve. Als eine der Ursachen dieses unterschiedlichen Entschwefelungsverhaltens wurde die Art der Schlackenbildung erkannt. Während bei Erzen mit nennenswerten Kalziumoxydgehalten die Schlackenbildung hauptsächlich von Kalkferriten ausgeht, bilden stark saure Erze zunächst eine eisen(II)-oxydreiche Eisensilikatschlacke mit verhältnismäßig niedrigem Schmelzpunkt. Schlacken dieser Art sind schwerer zu überhitzen, beanspruchen für die direkte Reduktion des Eisen(II)-oxyds erhebliche Wärmemengen und beeinträchtigen den Ablauf der Entschwefelung.

Das Wiederanblasen stillgesetzter oder eingefrorener Hochöfen veranlaßte TH. KOOTZ und W. OELSEN [10], ihre im Betrieb gewonnenen Beobachtungen durch Tiegelschmelzen zu stützen und zu ergänzen. Bei einer dieser Versuchsreihen, deren Ergebnisse in Abb. 14 veranschaulicht sind, wurde — ausgehend von einer

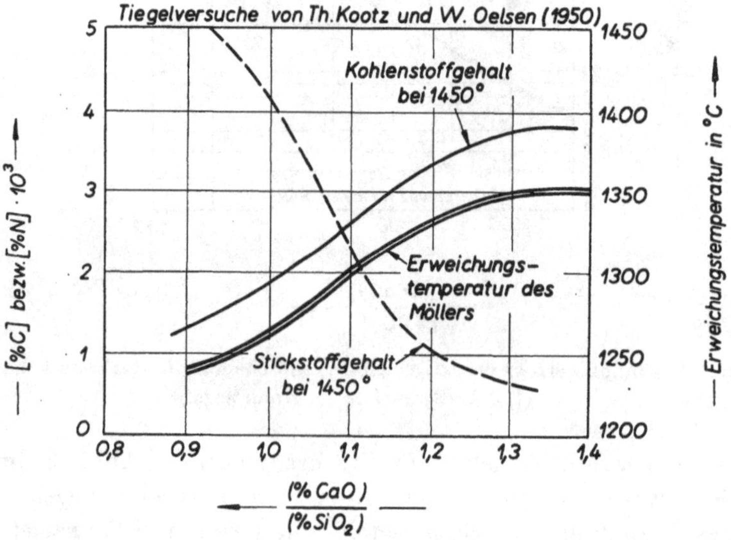

Abb. 14. Einfluß steigenden Anteils der Kieselsäure auf die Erweichungstemperatur des Möllers sowie auf die Löslichkeit von Kohlenstoff und Stickstoff im Eisen

Basizität von 1,35 — dem Möller Kieselsäure zugegeben, bis sich eine Basizität von etwa 0,9 eingestellt hatte. Wir erkennen, daß die Erweichungstemperatur des Möllergemisches mit sinkendem Kalk-Kieselsäureverhältnis von anfänglich 1350° auf 1240° C abnimmt. Das Lösungsvermögen des Eisens für Kohlenstoff bei 1450° C geht ebenfalls zurück, während die Löslichkeit des Stickstoffs im Eisen stark anwächst. Diese Befunde wurden von W. W. MICHAILOW [11] dahingehend ergänzt, daß die Erweichungs- und Schmelztemperaturen der Einsatzstoffe den Wärmezustand im Gestell beeinflussen. Bei tieferer Temperatur erweichende und entsprechend leichtschmelzende Stoffe bewirken eine niedrige Gestelltemperatur.

Es könnte nun eingewendet werden, die Aussage der Abb. 14 hätte keine Beziehung zum Niederschachtofenbetrieb in Calbe, der im allgemeinen mit einer Basizität über 1,0 arbeitet. Dieser Einwand läßt sich entkräften, wenn man berücksichtigt, daß der eingesetzte Kalk hinsichtlich seiner Wirkung auf das Badelebener Erz bei Beginn der Schlackenbildung noch fest ist; d. h. seine Wirkung setzt erst wesenlich später ein. Hieraus ergibt sich, daß unter den gegenwärtigen Bedingungen zunächst eine stark saure Schlacke gebildet wird, und zwar auch dann, wenn die Endschlacke basischer Natur ist. Diese Überlegung erklärt auch die Tatsache, daß ein versuchsweise mit saurer Schlackenführung betriebener Niederschachtofen nicht schlechter entschwefelt als ein unter den gleichen Bedingungen arbeitender Hochofen.

Wählt man den Eisen(II)-oxydgehalt der Schlacke als Kennzeichen für den Reduktionsgrad des Eisens, so müßte, in Übereinstimmung mit dem von TH. KOOTZ und W. OELSEN [10] mitgeteilten Befund, der Stickstoffgehalt des Roheisens um so höher sein, je mehr Eisen(II)-oxyd in der Schlacke vorhanden ist. Dies kann, wie Abb. 15 zeigt, vorerst noch in qualitativer Hinsicht, als erwiesen gelten. Alle Maßnahmen, die auf eine Senkung des Eisen(II)-oxydgehaltes

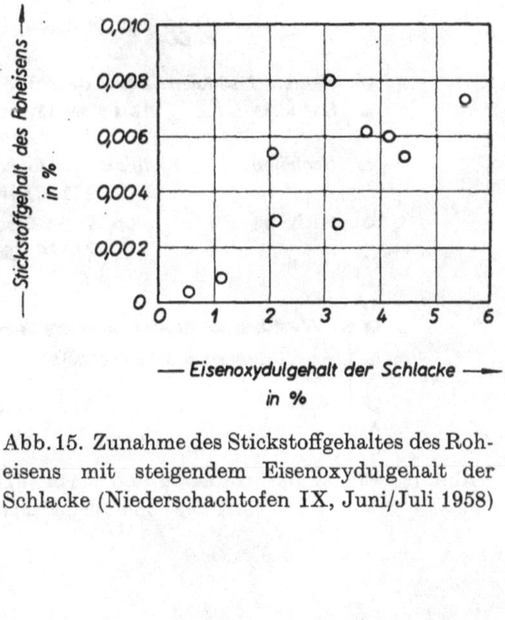

Abb. 15. Zunahme des Stickstoffgehaltes des Roheisens mit steigendem Eisenoxydulgehalt der Schlacke (Niederschachtofen IX, Juni/Juli 1958)

abzielen, wie die Anpassung der Korngröße der Möller- und Brennstoffe sowie die Senkung des Kieselsäureangebotes bei gleichzeitiger Erhöhung des Möllerausbringens verbessern die im vor-

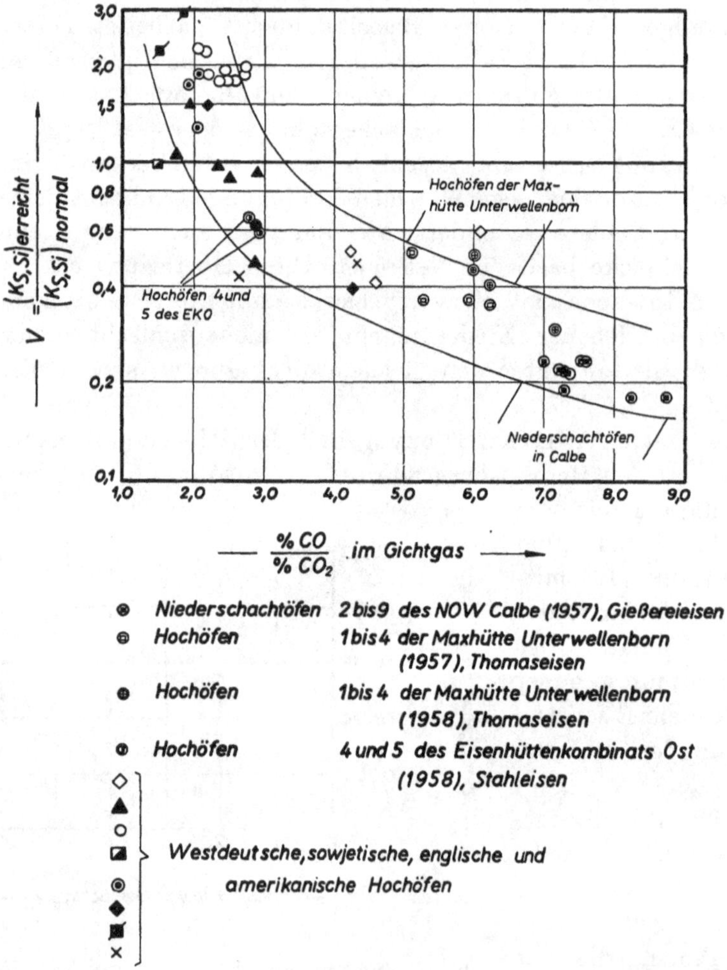

Abb. 16. Einfluß der indirekten Reduktion auf die Entschwefelungsvorgänge in Hoch- und Niederschachtöfen

liegenden Fall durch höhere Stickstoffgehalte des Roheisens gekennzeichneten mangelhaften Reduktionsbedingungen.

Frühere Untersuchungen an Hochöfen haben nun ergeben, daß der Reduktionsgrad des Roheisens eng mit dem Reduktionsgeschehen zusammenhängt, das sich oberhalb der Windformenebene abspielt. In Abb. 16 ist versucht worden, den jeweils erreichten Reduktionszustand durch die „bezogene“ Reaktionskennzahl ($K_{Si,S}$) zu kennzeichnen, die nichts anderes darstellt als das Verhältnis des im Betrieb tatsächlich erreichten ($K_{Si,S}$)-Wertes zum Normalwert nach W. OELSEN und H. MAETZ [7]. Diese bezogene Kennzahl ist von der Schlackenbasizität unabhängig. Als Bezugsgröße wurde für Abb. 16 das prozentuale Verhältnis von Kohlenoxyd zu Kohlensäure im Gichtgas herangezogen, das den Grad der indirekten Reduktion in erster Annäherung angibt.

Wir erkennen in Abb. 16 zunächst, daß sich fast alle der zur Auswertung herangezogenen Hoch- und Niederschachtöfen in einen verhältnismäßig schmalen Streubereich einordnen. Wir sehen weiter, daß sich die Punkte aller Öfen, die ein niedriges $\% CO / \% CO_2$-Verhältnis und somit eine gute indirekte Reduktion aufwiesen, um den bezogenen ($K_{Si,S}$)-Wert von 1,0 verteilen und gut entschwefeln. Hierzu können auch die im vorliegenden mit betrachteten Hochöfen 4 und 5 des Eisenhüttenkombinates Ost gerechnet werden. Die Hochöfen der Maxhütte nehmen eine mittlere Lage ein, während den Niederschachtöfen in Calbe mit ihrem $\% CO / \% CO_2$-Verhältnis von 7,0 bis fast 9,0 die niedrigsten bezogenen ($K_{Si,S}$)-Werte zuzuordnen sind. Wir können hieraus wieder die Schlußfolgerung ziehen, daß die Vervollkommnung der Reduktionsverhältnisse im Oberofen mit Sicherheit zu einer besseren Arbeit im Gestell führen würde.

5. Möglichkeiten zur Leistungssteigerung

Es erhebt sich die Frage, welche grundsätzlichen Überlegungen anzustellen sind, um mit den zur Zeit in der DDR gegebenen Mitteln die Schmelzleistung der Niederschachtöfen zu erhöhen.

Die ursprüngliche Tageserzeugung der Öfen von rund 50 t konnte im vergangenen Jahrzehnt mehr als verdoppelt werden, wobei Gestellbelastungen von 600 bis 800 $kg/m^2 \cdot h$ erreicht werden konnten. Auf Grund von Berechnungen, die statistische Unterlagen benutzten, wurde Abb. 17 gezeichnet, das die Roheisen-

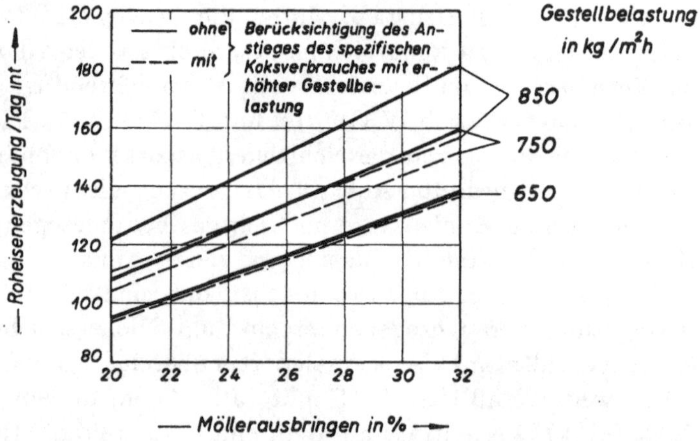

Abb. 17. Tägliche Roheisenerzeugung eines Niederschachtofens mit 12,1 m^2 Gestellfläche in Abhängigkeit von Möllerausbringen und Gestellbelastung

erzeugung in Abhängigkeit vom Möllerausbringen und von der Belastung der 12,1 m^2 umfassenden Gestellfläche darstellt. Die untere Gerade gibt an, daß allein die Steigerung des Möllerausbringens von 23 auf 32 die tägliche Roheisenerzeugung von 105 auf nahezu 140 t erhöhen würde. Würde die Gestellbelastung von 650 auf 850 $kg/m^2 \cdot h$ heraufgesetzt, so ließe sich, wie die oberste Gerade zeigt, bereits mit 23% Möllerausbringen eine Tageserzeugung von rund 135 t erreichen. Hierbei wird vorausgesetzt, daß der spezifische Koksverbrauch mit erhöhter Gestellbelastung nicht zunimmt. Dies ist jedoch tatsächlich nicht der Fall, denn nach Untersuchungen von D. REIMANN und H. BÜRGER [12] vergrößert sich der Koksverbrauch infolge Erhöhung der Gestellbelastung von 650 auf 750 $kg/m^2 \cdot h$ um 70 kg je t

Roheisen und beim Übergang auf 850 kg/m² · h um weitere 150 kg. Hieraus folgt, daß im letzteren Fall ein Möllerausbringen von 32% tatsächlich nur eine Tageserzeugung von knapp 160 t ergeben würde. Wir können abschätzen, daß es unter den gegenwärtigen Bedingungen wenig sinnvoll wäre, die Gestellbelastung

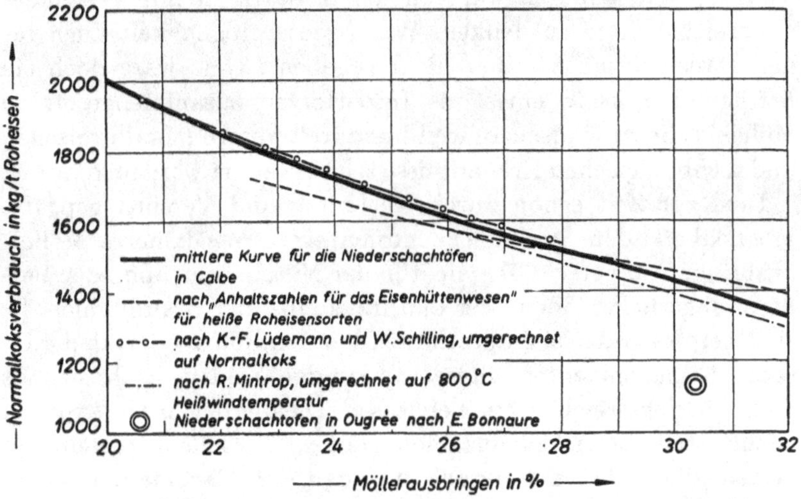

Abb. 18. Zusammenhang zwischen Koksverbrauch und Möllerausbringen

über 850 kg/m² · h hinaus zu steigern, denn der nur noch geringfügige Leistungsanstieg des Ofens wäre mit einem untragbar hohen Koksverbrauch zu erkaufen.

Es kann jedoch mit einiger Sicherheit ausgesagt werden, daß die schon oft geforderte, durchgreifende Möllervorbereitung eine Erhöhung der Gestellbelastung gestatten würde, ohne daß hiermit der genannte Anstieg des Koksverbrauches verbunden wäre. In diesem Fall würden sich die in Abb. 17 ausgezogen und gestrichelt angegebenen Geraden einander annähern; d. h. eine Erzeugung von 180 t wäre, ein Möllerausbringen von 32% vorausgesetzt, kein unerreichbares Tagesziel.

Die in Abb. 17 zugrunde gelegten Berechnungen setzen die Kenntnis des Normalkoksverbrauches in kg/t RE in Abhängigkeit vom Möllerausbringen voraus. Abb. 18 zeigt die verwendete, stark ausgezogene Mittelwertskurve, in deren unmittelbaren Nähe die von verschiedenen Bearbeitern angegebenen Verbrauchskurven liegen [13], [14]. Das Möllerausbringen in Calbe könnte einmal durch Aufbereitung des Badelebener Erzes erhöht werden; zum anderen wäre an den Einsatz zu importierender eisenreicher Erze zu denken. Wenn diese Möglichkeit auch für den Dauerbetrieb zur Zeit nicht gegeben ist, so wäre doch ein befristeter Einsatz eines aus Importerzen zusammengesetzten Möllers sehr zu wünschen, weil hierdurch unsere metallurgischen und technologischen Erkenntnisse sehr erweitert werden könnten.

Eine zur Zeit schon durch Rechnung und Versuch geprüfte Möglichkeit, dem Niederschachtofen ein etwas höheres Möllerausbringen zu verschaffen, liegt in der Nutzbarmachung der Verbrennungsrückstände in der Lausitz anfallender Braunkohlen. Es sind bereits Unterlagen geschaffen worden, die vorerst den Einsatz stückiggemachter Filteraschen in den Niederschachtofen als recht aussichtsreich erscheinen lassen. Die hierbei zu erwartenden wichtigsten Betriebskennzahlen sind in Tabelle 3 zusammengestellt, die selbstverständlich mit allen, dem Fachmann bekannten Vorbehalten beurteilt werden sollen. Die oberen Reihen enthalten die chemische Zusammensetzung des Badelebener Erzes und die der fast selbstgängigen Filterasche mit ihrem allerdings sehr hohen Schwefelgehalt. Die Kennzahlen weisen die Erhöhung des Möllerausbringens von 23 auf 27% bei gleichzeitiger Senkung des Normalkoksverbrauches von 1830 auf 1570 kg/t RE aus. Nach vorsichtiger Berechnung ist eine Leistungssteigerung des Niederschachtofens um 16% zu erwarten. Bedauerlicherweise dürfte die Schwefelbelastung des mit stückiggemachten Braunkohlenrückständen betriebenen Niederschachtofens nahezu doppelt so hoch sein, wie die zur Zeit ohnehin schon ungewöhnlich hohe Belastung der Öfen in Calbe. Deshalb sollten die seit einiger Zeit betriebenen technologischen Versuche zur Entschwefelung außerhalb des Ofens möglichst bald zur Betriebsreife geführt werden.

a) Mittlere Zusammensetzung von Badelebener Erz und Braunkohlen-Filterasche

	Fe %	Mn %	CaO %	SiO_2 %	MgO %	Al_2O_3 %	P %	S %	Glvl. %
Badelebener Erz	23,13	0,32	1,34	37,87	0,92	7,40	0,33	0,01	8,44
Braunkohlen-Filterasche	19,78	0,36	26,10	23,16	3,61	12,27	0,057	1,94	0,78

b) Kennzahlen des Niederschachtofenbetriebes

		mit Badelebener Erz	mit Braunkohlen-Filterasche
1, Anteil des Badelebener Erzes	kg/tRE	921	–
2, Anteil der Braunkohlen-Filterasche	kg/tRE	–	1100
3, Eisenmenge aus 1, und 2,	kg/tRE	215	215
4, Kalkstein	kg/tRE	910	80
5, Möllerausbringen	%	23	27
6, Normalkoksverbrauch	kg/tRE	1830	1570
7, Leistungssteigerung	%	–	16
8, Schwefelbelastung	kg/tRE	26,5	47,8

Tabelle 3. Kennzahlen des Niederschachtofenbetriebes in Calbe bei Ersatz des Badelebener Erzes durch Braunkohlen-Filterasche

6. Zusammenfassung

Auf der Grundlage seit 1957 vom Eisenhütten-Institut Freiberg betriebener Teiluntersuchungen wird ein Überblick über die metallurgischen Grundlagen des Niederschachtofenverfahrens gegeben, wie es im Werk Calbe unter den zur Zeit gegebenen Bedingungen angewendet wird. Die gemachten Ausführungen sollen beweisen, daß der Niederschachtofen grundsätzlich die gleiche metallurgische Arbeit leisten kann wie der Hochofen, wenn die Korngrößen des Möllers und des Brennstoffes der verringerten Schachthöhe angepaßt werden.

Der Anteil der indirekten Reduktion an der oberhalb der Windformenebene geleisteten Reduktionsarbeit ist verhältnismäßig niedrig, so daß damit gerechnet werden muß, daß auch die Menge des abgeschiedenen Spaltungskohlenstoffs gering ist. Somit wird die Bildung eisen(II)-oxydreicher Primärschlacken mit niedrigem Schmelzbereich gefördert. Hieraus ergeben sich wiederum niedrige Temperaturen im Gestell, denen, im Vergleich zum Hochofen, außergewöhnlich hohe Eisen(II)-oxydgehalte der Endschlacke entsprechen. Mit der von W. OELSEN und Mitarbeitern im Laboratorium gewonnenen Reaktionskennzahl ($K_{Si, S}$) können die Vorgänge bei der Entschwefelung und der Siliziumreduktion im Niederschachtofen nicht eindeutig beschrieben werden. Es ergibt sich zunächst die überraschende Tatsache, daß der Eisen(II)-oxydgehalt der Schlacke das Ausmaß der Entschwefelung bestimmt, und zwar nahezu unabhängig von der Basizität. Die Siliziumreduktion wird vornehmlich vom Verhältnis der im Möller enthaltenen Kieselsäure zum Eiseninhalt beeinflußt; lediglich die ungenügend ausreduzierte Schlacke und der hohe Schrottsatz gestatten die Einhaltung der für Gießereiroheisen vorgeschriebenen Siliziumgehalte. Diese Befunde gelten für die gegenwärtigen Einsatzverhältnisse des Werkes Calbe, die von dem hohen Anteil des hochsauren Badelebener Erzes maßgeblich beeinflußt werden.

Die bereits bekannten und oft erörterten technischen Vorhaben zur Schaffung normaler Betriebsverhältnisse werden von den metallurgischen Grundlagen aus beleuchtet und in ihrer entscheidenden Bedeutung für die Weiterentwicklung der Verfahrenstechnik im Niederschachtofenwerk Calbe unterstrichen.

Literatur

[1] HALBRECQ, L. und DECKER, A., Berg- u. hüttenm. Mh. **103** (1958) 189–200.

[2] WENZEL, W., Stahl u. Eisen **80** (1960) 763.

[3] SÄUBERLICH, K. und BRÜCKNER, G., Neue Hütte **5** (1960) 137–143.

[4] EBERT, R. und LÜDEMANN, K.-F., J. Iron Steel Inst., vol. **196** (1960) 46–50.

[5] ROCCA, R., GRANT, N. J. und CHIPMAN, J., J. Metals, Trans. AIME, **3** (1951) 319–326.

[6] Schenck, H., Frohberg, M. G. und Gammal, T. E., Arch. Eisenhüttenwes. **31** (1960) 11–17.
[7] Oelsen, W. und Maetz, H., Stahl u. Eisen **69** (1949) 147–153.
[8] Bonnaure, E., Stahl u. Eisen **79** (1959) 1105–1119.
[9] Pochwisnew, A. N., Abramow, W. S., Krassawzew, N. I. und Leonidow, N. K., Der Hochofenbetrieb. VEB Verlag Technik, Berlin 1954.
[10] Kootz, Th. und Oelsen, W., Arch. Eisenhüttenwes. **21** (1950) 77–88.
[11] Michailow, W. W., Neue Hütte **1** (1955/56) 235–237.
[12] Reimann, D. und Bürger, H., Neue Hütte **6** (1961) 276–283.
[13] Mintrop, R., Stahl u. Eisen **78** (1958) 633–646.
[14] Lüdemann, K.-F. und Schilling, W., Freib. Forsch.-H. B **44** (1961) 66–78.

FREIBERGER FORSCHUNGSHEFTE

B 62: Eisenhüttenwesen

Vorträge des XII. Berg- und Hüttenmännischen Tages

vom 8. bis 11. Juni 1960 in Freiberg

1961. 66 Seiten — 43 Abbildungen — 12 Tabellen, davon 2 auf Falttafeln — gr. 8° — 7,50 DM

Leitner/Vlatý: Beitrag zur Methodik der Beurteilung der Grundeigenschaften von Eisenerzen und Agglomeraten — Pochwisnew: Die Beurteilung und Regelung des Wärmezustandes des Hochofens nach der Zusammensetzung des Gichtgases — Malkiewicz/Foryst/Orecki/Orzechowska: Der Einfluß der Abstichtemperatur auf den Gehalt oxydischer Einschlüsse im Siemens-Martin-Stahl.

Bestellungen durch eine Buchhandlung erbeten

AKADEMIE-VERLAG · BERLIN